Impressum:

Copyright © 2008 GRIN Verlag, Open Publishing GmbH
Druck und Bindung: Books on Demand GmbH, Norderstedt Germany
ISBN: 9783640550227

Dieses Buch bei GRIN:

http://www.grin.com/de/e-book/142979/die-bedeutung-von-folsaeure-in-der-
schwangerschaft-eine-interventionsmassnahme

Angela Schickler

Die Bedeutung von Folsäure in der Schwangerschaft, eine Interventionsmaßnahme der Ernährungsbildung

Rezeptgestaltung eines Mittagessens

GRIN Verlag

Pädagogische Hochschule Freiburg

Hausarbeit für die Modulprüfung im Modul Ernährung I

Zu den Lehrveranstaltungen

- Ernährungsverhalten

- Ernährungsbildung

- Gesundheitsressource Kochkunst und Esskultur

Die Bedeutung von Folsäure in der Schwangerschaft, - eine Interventionsmaßnahme der Ernährungsbildung

(Rezeptgestaltung eines Mittagessens)

Vorgelegt von: Angela Schickler

BA Gesundheitspädagogik

Sommer Semester 2008

Datum: Freiburg den 24.07.2008

INHALTSVERZEICHNIS

1.) Einleitung

Die Schwangerschaft ist eine aufregende Zeit für Mütter und Väter. Ihre Gefühle schwanken zwischen Vorfreude und Unsicherheit, Glück und Sorge. Werdende Eltern erleben eine ganz neue Phase von sozialen, psychischen und physischen Veränderungen. Dabei spielt die Gesundheit der Mutter und die ihres Kindes eine große Rolle. Im Körper einer Schwangeren wächst neues Leben heran, das vollständig auf die werdende Mutter angewiesen ist. Das ist eine große Verantwortung. In einem noch recht neuen Forschungsgebiet hat man herausgefunden, dass das Fundament unserer Gesundheit bereits im Uterus der Mutter angelegt wird. Während der Schwangerschaft programmiert der Stoffwechsel der Mutter zum Teil die spätere Gesundheit des Kindes vor und beeinflusst damit wesentlich die Gesundheit für dessen späteres Leben (vgl. Miketta G.1999, S.19).

In meiner Hausarbeit interessiert mich besonders die Personengruppe Schwangere und deren Ernährung im Hinblick auf folsäurereiche Lebensmittel. Dabei spielt die Prävention zur Verhinderung von Fehlbildungen eine besondere Rolle.

2.) Besonderheiten in der Ernährungssituation von Schwangeren

Wie tiefgreifend dieser natürliche Umstellungsprozess während einer Schwangerschaft ist, zeigt, dass sich zunächst leichte Schwangerschaftsbeschwerden wie Verdauungsprobleme, Übelkeit und Heißhungerattacken einstellen. Der Umgang mit Gewohnheiten und evt. einzelnen Lebensmitteln sollte in dieser Zeit sorgsam bedacht und im Hinblick auf Drogen, wie Alkohol und Zigarettenkonsum auch eingestellt werden (vgl. Schröder E.-M. 2001, S.58). Die Gewichtszunahme bei einer Schwangerschaft ist ein natürlicher Prozess, der durchschnittlich bei 12,5 kg liegt. Gründe dafür sind die Erhöhung des Blutvolumens, des Gewebewassers und das Wachstum von Uterus und Brüsten. Außerdem schafft sich der Körper Fettdepots als Reserve für die Stillzeit an. Das Gewicht von Fötus, Fruchtwasser und Plazenta macht dabei nur einen geringen Anteil aus (vgl. Bässler K.-H. et al. 2002, S.143). Eine Gefahr liegt darin, dass eine werdende Mutter gleichsam für zwei Personen isst und nach der Schwangerschaft ernsthafte Gewichtsprobleme bekommt (vgl. Schröder E.-M. 2001, S. 9f). In Bezug auf die Ernährung von Schwangeren (der veränderten, physiologischen und metabolischen Anforderungen an den Körper), erhöht sich der Bedarf an Energie und Nährstoffen (vgl. Körner U.; Rösch R. 2008, S.6). Der Energiebedarf ist dabei nur sehr gering erhöht, der Nährstoffbedarf steigt jedoch auf das Doppelte (vgl. Schröder E. 2001, S.54). Schwangere brauchen also insgesamt mehr Nährstoffe wie Eiweiße, Vitamine und Mineralstoffe (vgl. Schröder E. 2001, S.9). Die empfohlene Zufuhr während einer

Schwangerschaft kann bei den meisten Nährstoffen durch eine ausgewogene Ernährung gedeckt werden. Bestimmten Nährstoffen sollte jedoch eine erhöhte Aufmerksamkeit geschenkt werden. Nach heutiger wissenschaftlicher Erkenntnis stehen hier die Vitamine B1, B2, B6, Nicitin, Folat, C und A im Blickpunkt. Bei den Mineralstoffen wird vor allem der Verbrauch von Magnesium, Eisen, Kalzium, Jod und Zink beachtet (vgl. Körner U. et al. 2008, S. 24).

3.) Folat / Folsäure

Der Nährstoff Folat ist besonders in der Zeit einer Schwangerschaft wichtig. Folat gehört zu der Gruppe der B-Vitamine und ist eine Form des Vitamins, die in Lebensmitteln vorkommt. Von Folsäure dagegen spricht man, wenn das Vitamin in einer synthetischen Form vorliegt, so wie es zum Beispiel in Nahrungsergänzungsmitteln verwendet wird (vgl. Brönstrup A. 2008, S.2). Jedoch wird der Begriff Folsäure für synthetische und natürliche Folate und Folsäuren zusammengefasst (BfR 2007, S.1). Unter Folat / Fohlsäure werden ca. 100 Substanzen verstanden die eine ähnliche Struktur aufweisen. „Das Grundgerüst der Folate besteht aus einem Peteridinring, p-Aminobenzoesäure und L-Glutamat" (Leitzmann C. et al. 2001, S. 49). Folat ist wasserlöslich, Hitze empfindlich und sensibel gegenüber Licht und Sauerstoff (vgl. Brönstrup A. 2008, S.5).

3.1.) Funktion von Folsäure

Das lebensnotwendige B-Vitamin spielt bei der Zellteilung und beim Zellwachstum eine wichtige Rolle. Bei einem Folatmangel gibt es also primär Probleme an Zellsytemen mit hoher Zellteilungsrate. Dies sind rote und weiße Blutkörperchen, Gewebe wie die Schleimhäute, zum Beispiel die Schleimhaut des Darms, sowie Gewebe des Urogenital – Traktes (vgl. DACH 2000, S.118). Im Weiteren beeinflusst Folat die Homocysteinkonzentration im Blut (vgl. Krawinkel M. 2006, S.2). Ferner ist es am Stoffwechsel der Vitamine B12 und B6 beteiligt (vgl. Leitzmann C. 2001, S. 49).

3.2.) Folgen einer Hypovitaminose

In der Schwangerschaft kann es beim Embryo zu Fehlbildungen kommen. Die Wissenschaft hat herausgefunden, dass eine ausreichende Versorgung von Folat das Risiko für Fehlbildungen des Kindes während der Schwangerschaft senken kann. Es kann zu leichten bis zu sehr schweren Schäden des heranwachsenden Babys kommen. Betroffen sind vor allem das Rückenmark und das Zentralnervensystem (vgl. Brönstrup A. 2008, S. 8).

Ca. 22 bis 28 Tagen nach der Befruchtung schließt sich beim Embryo das Neuralrohr, die erste zentrale Anlage des Nervensystems, die Anlage für Rückenmark und Gehirn (vgl. Brönstrup A. 2008, S. 8). Hier kann es zu einem unvollständigen Verschluss kommen. Die Lokalisation und die Ausprägung dieser Entartung bestimmen die Schwere und die weiteren Folgen eines solchen Defektes. Bei einem Anencephalus handelt es sich um das Fehlen von Teilen des Gehirns. Diese Form des Neuralrohrdefektes kommt bei 30-35% der betroffenen Kinder vor und bedeutet, dass die betroffenen Säuglinge nicht lebensfähig sind. Bei Defekten im Bereich der Wirbelsäule, welche 55% des Neuralrohrdefekte ausmachen („offener Rücken" oder „Spina bifida"), erreichen nur ca. 60% der Betroffenen das zweite Lebensjahr. Diese Kinder sind aber selbst bei optimaler Versorgung aufgrund neurologischer Beeinträchtigungen lebenslang behindert. Hierbei treten Muskel- bzw. Querschnittslähmungen, Entleerungsstörungen von Blase und Darm und ein Hydrocephalus auf. Eine sehr seltene Form des Neuralrohrdefektes ist die Encephalocele, ein von Haut bedeckter Vorfall von Hirnsubstanz. Der Neuralrohrdefekt ist die häufigste angeborene Fehlbildung beim Menschen (vgl. Krawinkel M. et al. 2006, S.6). „Rund 800 Kinder [mit einem Neuralrohrdedekt] kommen jedes Jahr in Deutschland [...] auf die Welt und etwa 400 Schwangerschaften werden abgebrochen, nachdem der Defekt im Mutterleib diagnostiziert wurde." (BfR 2007, S.1)

Auch Anomalien wie Herzfehler, Lippen - Kiefer - Gaumenspalten, - die so genannte Hasenscharte, Fehlbildungen der Gliedmaßen und fehlerhaft ausgebildete Harnwege können durch eine gute Versorgung mit Folsäure während der Schwangerschaft deutlich verringert werden. Zu einer bestimmten Form von Blutarmut, bezeichnet als megaloblastische Anämie, kommt es bei einem ausgeprägten Folatmangel (vgl. Brönstrup A. 2008, S.7). Allgemeine Folatmangelerscheinungen rufen Symptome wie physische Schwäche, Depression und Schlaflosigkeit hervor. Bei einem Mangel an Vitamin B12, B6 und Folsäure kommt es zu einem Anstieg der Homocysteinkonzentrationen im Blutserum. Somit stehen diese Vitamine in enger Verbindung zueinander. Eine erhöhte Konzentration der Aminosäure Homocystein im Plasma wird als ein Risikofaktor kardiovaskulärer Erkrankungen gesehen, da eine erhöhte Homocysteinkonzentration die Gefäßverengungen steigert. Diese Angaben sind jedoch wissenschaftlich noch nicht genügend überprüft worden (Krawinkel M. et al. 2006, S7f). Auch in der Pathogenese von Arteriosklerose, bei der Entwicklung von Krebstumoren und bei Demenz spielt das Vitamin eine Rolle (vgl. Bässler K.-H. et al. 2002, S.146ff).

3.3.) Folgen einer Hypervitaminose

Eine Hypervitaminose kommt jedoch sehr selten vor. Bei einer Gabe von ca. 15mg Folat pro Tag über einen längeren Zeitraum konnten gastrointestinale und nervöse Störungen, wie Schlafstörungen, Reizbarkeit, und Hyperaktivität festgestellt werden (vgl. C. Leitzmann et al. 2001, S. 51). Auch könnte eine hohe Gabe an Folsäure einen bestehenden Vitamin B12 Mangel verdecken (vgl. Körner U.; Rösch R. 2008, S. 48). Insgesamt weiß man über die genauen Mechanismen der Entstehung von Fehlbildungen bei einer nicht ausreichenden Versorgung von Folsäure heute noch wenig (vgl. Brönstrup A. 2008, S. 8).

3.4.) Ursachen einer Hypovitaminose und einer Hypervitaminose

Die Ursache eines starken Folsäuremangels könnte von einem geringen Verzehr von Obst, Gemüse und Vollkornprodukten abhängen. Genauso könnten jedoch tropische Spure, Alkoholabusus, oder die Einnahme von Medikamenten Gründe dafür sein. Chronischer Eisenmangel kann auch zu einer verminderten Folsäureverwertung führen (vgl. Leitzmann C. et al. 2001, S.51). Aufgrund des erhöhten Bedarfs durch das Wachstum von Plazenta und Fötus, trägt eine Schwangerschaft zu einem allgemeinen Folatmangel bei. Auch der Anstieg des Blutvolumens während einer Schwangerschaft und eine vermehrte Ausscheidung des wasserlöslichen Vitamins mit dem Urin begünstigt den Mangel an Folat. Selbst die Eigenempfindlichkeit des Vitamins kann ein wesentliche Grund für wenig Einnahme sein. Deshalb ist die empfohlene Zufuhrmenge (siehe unten) in der Schwangerschaft besonders hoch. Die Unwissenheit über die Bedeutung des Vitamins in der Bevölkerung ist zweifellos eine der Hauptursachen (Bässler K.-H. et al. 2002, S.152).
Eine Ursache der Folsäureüberversorgung kommt bei häufigem Verzehr von Folsäure angereicherten Lebensmitteln sein. Auch eine Übersupplementierung kann ein Grund sein, oder ein zusätzliches Gemisch von Folsäure angereicherten Lebensmitteln und Folsäure in Tablettenform (vgl. Körner U.; Rösch R. 2008, S. 48).

3.5.) Empfehlungen für die Folsäurezufuhr

Die empfohlene Zufuhr von Folsäure beträgt ab dem zehnten Lebensjahr 400 µg. Schwangeren und Stillenden wird jedoch aufgrund des erhöhten Bedarfs die Menge von 600 µg empfohlen (vgl. Krawinkel M. et al. 2006 S. 117). Nach vorausgegangener Schwangerschaft mit Neuralrohrfehlbildung wird zu einer Dosierung von 4 mg am Tag geraten (vgl. Körner U.; Rösch R. 2008, S.45).
Aus unterschiedlichen Bioverfügbarkeiten der Folsäureverbindungen in Lebensmitteln sind für die Empfehlung der Zufuhr Folsäureäquivalentien angegeben. „Damit wird dem

Umstand Rechnung getragen, dass die Bioverfügbarkeit von synthetischer Folsäure höher ist als die von Folat aus der Nahrung: 1 Mikrogramm (µg) Folsäureäquivalent entspricht 1 µg Nahrungsfolat oder 0,5 µg synthetischer Folsäure." (BfR 2007, S.1).

Studien haben gezeigt, dass eine Supplementierung von 400 µg Folsäure vor und nach der Befruchtung die Häufigkeit von Fehlbildungen um etwa 50 – 70% verringern kann (vgl. Körner U.; Rösch R. 2008, S.45). Eine besondere Aufmerksamkeit brauchen die ersten 4 Wochen einer Schwangerschaft, da hier die Schließung des Neuralrohrs beim Embryo stattfindet. Viele Frauen wissen zu diesem frühen Zeitpunkt noch nicht, dass sie schwanger sind (vgl. BfR 2006, S.6). Aufgrund dieser Ergebnisse haben sich verschiedene Fachgesellschaften, z.B. die DGE und Deutsche Gesellschaft für Kinderheilkunde und Neuropädiatrie für eine generelle Prävention mit 400 µg pro Tag bei allen Frauen mit Kinderwunsch, bzw. im gebärfähigen Alter ausgesprochen. Ein bestehender Mangel an Folat sollte also schon vor der Schwangerschaft ausgeglichen werden (vgl. Körner U.; Rösch R. 2008, S.45).

3.6.) Natürliches Vorkommen von Folsäure

Das lateinische Wort Folium, das Blatt, macht deutlich worin sich Folsäure befindet (vgl. Leitzmann C. et al. 2001, S. 49). Folat kommt natürlicherweise in pflanzlichen und in tierischen Lebensmitteln vor. Jedoch kann es aus tierischen Lebensmitteln besser resorbiert werden (vgl. Bässler K.-H. et al. 2002, S.124). Folsäure kommt zum Beispiel in Hühnerleber, Eigelb, grünem Gemüse wie Brokkoli, Blattgemüse, in Salat und Spinat, in Spargel, Tomaten und Hülsenfrüchten vor. Auch Weizenkeime, Vollkorngetreideprodukte, Hefe, und Obst wie Erdbeeren, Kiwi, und Orangen sind reich an Folsäure (vgl. Elmadfa I. et al. 2006/07, S.82 - 87). Da Folat in natürlichen Lebensmitteln wasserlöslich und empfindlich gegenüber Hitze, Licht und Sauerstoff ist, bleibt es beim Kochen leicht im Wasser übrig und wird dabei zerstört. Durch falsche Lagerung der Lebensmittel, durch zu langes Garen, oder Warmhalten der Speisen, kann der Folatgehalt stark sinken. Durchschnittlich rechnet man mit einem Verlust von 35% (vgl. Brönstrup A. 2008, S.5f). Um den Zubereitungsverlust zu vermeiden, wird bewusstes Einkaufen und richtiges Dunkellagern empfohlen. Man sollte möglichst viel Obst und Gemüse z.B. in Form von Salaten und Rohkost, am besten roh verzehren und schonend mit wenig Wasser garen (das Wasser kann beim Verzehr mitverwendet werden). Außerdem sollten Gemüse und Salate unzerkleinert und nur kurz, aber gründlich gewaschen werden (nicht wässern). Bei nicht vitamingerechtem Umgang können sogar bis zu 70% des Vitamins zerstört werden (vgl. Körner U.; Rösch R. 2008, S. 45ff).

3.7.) Bedarfsdeckung von Folsäure

Folsäure gehört zu den kritischen Nährstoffen, da die empfohlene Zufuhr von fast allen Altersgruppen in Deutschland nicht erreicht wird. Die Folatmangelfrequenz bei Schwangeren liegt in den Industriestaaten zwischen 20 - 50%. Noch häufiger betroffen sind Frauen mit Mehrfachschwangerschaften (vgl. Bässler K.-H. et al. 2002, S.152). Trotz alledem tritt in der Bevölkerung ein Folatmangel seltener auf, als man denken könnte. In Bezug auf die Prävention von Homocysteinämie und von Neuralrohrdefekten müsste man die Folsäureversorgung in den Fokus rücken (vgl. Leitzmann C. S. 50). Das Folsäure-Modul des Bundesgesundheitssurveys 1998 hat herausgefunden, dass nur 13% der Frauen im gebärfähigen Alter einen optimalen Erythrozytenfolatspiegel hatten (vgl. Kravinkel M. et al. 2006, S.3 zit. n. Thamm et al. 1999). So besteht insgesamt noch ein erheblicher Aufklärungsbedarf. Deshalb wird auch diskutiert, wie die Folsäureversorgung der Bevölkerung und insbesondere die von Frauen im gebärfähigen Alter nachhaltig verbessert werden könnte (vgl. Körner U.; Rösch R. 2008, S.48).

3.8.) Strategien zur Verbesserung der Folsäureversorgung

Durch mit Folat angereicherte Lebensmittel, wie Diätmargarine, Frühstückszerealien, Milchprodukte und Erfrischungsgetränke, angereichertes Salz und angereichertes Mehl, versucht man über Grundnahrungsmittel den Folatverzehr zu steigern (vgl. U. Körner; R. Rösch 2008, S. 48). Auch die Aufnahme folatreicher Nahrungsergänzugsmittel kann dazu beitragen, die empfohlene Zufuhr schneller zu decken. Als Strategie zur Verbesserung der Folatversorgung sollte jedoch sehr viel häufiger eine zielgruppenspezifische Ernährungsaufklärung im Vordergrund stehen (vgl. Krawinkel M. et al. 2006, S.11ff).

4.) Bedarf an Energie der Hauptnährstoffe und an Folat

Abgesehen von wenigen Besonderheiten gelten für die Ernährung von Schwangeren in der Regel die gleichen Richtlinien wie für einen normal Erwachsenen (vgl. Kersting; M. Alexy U. 2003, S. 6). An einem Beispiel wird der Energiebedarf einer fiktiven Schwangeren anhand von persönlichen Daten aufgezeigt. Sie befindet sich in den ersten vier Wochen ihrer Schwangerschaft, ist 25 Jahre alt, 1,72 m groß und wiegt 63 kg. Aufgrund dieser Angaben lässt sich der Body- Maß Index (BMI) von 21 bestimmen. Dieser Wert zeigt uns, dass diese Person im Normalbereich liegt (vgl. Elmadfa I. et al. 2006/07, S.68). Grundumsatz und Leistungsumsatz bestimmen den Energiebedarf. Der Grundumsatz einer weiblichen Erwachsenen ist mit 4 kJ pro Stunde und Kilogramm Körpergewicht festgelegt. Der Leistungsumsatz wird durch den PAL- Wert definiert. Da die fiktive Schwangere Studentin ist, und nur gelegentlich sportliche Aktivitäten ausübt, beträgt ihr PAL-Wert 1,6. Um nun den Energiewert herauszufinden wird der Grundumsatz mit ihrem PAL- Wert multipliziert.

Grundumsatz: 4 kJ x 24 Stunden x 63 kg = 6048 kJ -10% = 5443 kJ

Energiebedarf: 5443 kJ x 1,6 = 8709 kJ

Hinzu kommt, dass für eine Schwangere empfohlen wird, ab dem ersten Tag der Schwangerschaft zusätzlich zum errechneten Energiebedarf 1068 kJ zuzuführen (vgl. Körner U.; Rösch R. 2008, S.21). Daraus ergibt sich die Summe von 9777 kJ. Für die Hauptnährstoffe Kohlenhydrate, Eiweiß und Fett pro Tag gelten folgende Empfehlungen:

Nährstoffverteilung und Gewichtsangaben:

Protein: 8-10%   →10%   978 kJ/ 17 kJ = 58 g Protein

Fett: 25-30%   →30%-   2933 kJ/ 37 kJ = 79 g Fett

Kohlenhydrate >50%   →60%   5866 kJ/ 17 kJ = 345 g Kohlenhydrate

                                        = 100% der Gesamtenergiezufuhr

(vgl. Leitzmann C. et al. 2001)

Bei dem Nährstoff Eiweiß wird eine höhere Zufuhr erst ab dem vierten Schwangerschaftsmonat empfohlen (vgl. Körner U.; Rösch R. 2008, S. 53). Da sich die Schwangere unseres fiktiven Beispiels am Anfang ihrer Schwangerschaft befindet, wird eine erhöhte Eiweißmenge in dieser Rechnung außer Acht gelassen.

Energie und Nährstoffverteilung auf die Mahlzeiten:

	Anteil %	kJ	Protein g	Fett g	Kohlenhydrate g
1. Frühstück	25	2444	15	20	86
2. Frühstück	10	978	6	8	36
Mittagessen	**30**	**2933**	**17**	**24**	**104**
Zwischenmahlzeit	10	978	6	8	36
Abendessen	25	2444	15	20	86

4.1.) Nahrungsplanung des Mittagessens

Menge	Lebensmittel	Energie kJ	Protein g	Fett g	Kohlenhydrate g	Folsäure µg
	Tagesbedarf	9777	58	79	345	600
	Mittagessen	2933	17	24	104	180

Kohlenhydrathaltige Lebensmittel einplanen:

Menge	Lebensmittel	Energie kJ	Protein g	Fett g	Kohlenhydrate g	Folsäure µg
50g	Vollkornmehl	727	5	1	36	25
30g	Roggen-mischbrot	266	3	-	13	10
200ml	Orangensaft	370	1	-	18	48
25g	Datteln	290	1	-	16	5
100g	Kiwi	209	2	1	9	23
75g	Orange	133	1	-	6	32
100g	Erdbeere	134	1	-	6	65
150g	Kirschtomaten	110	1	-	4	67
100g	Kopfsalat	49	1	-	1	75

Proteinhaltige Lebensmittel einplanen

Menge	Lebensmittel	Energie kJ	Protein g	Fett g	Kohlenhydrate g	Folsäure µg
50g (1)	Ei	70	2	1	-	17

Fetthaltige Lebensmittel einplanen

Menge	Lebensmittel	Energie kJ	Protein g	Fett g	Kohlenhydrate g	Folsäure µg
10g	Olivenöl	376	-	10	-	-
10g	Sonnenblumenöl	376	-	10	-	-

Menge	Lebensmittel	Energie kJ	Protein g	Fett g	Kohlenhydrate g	Folsäure µg
	Summe	3110	18	23	109	367
	Defizit	-177	-1	+1	-5	-187

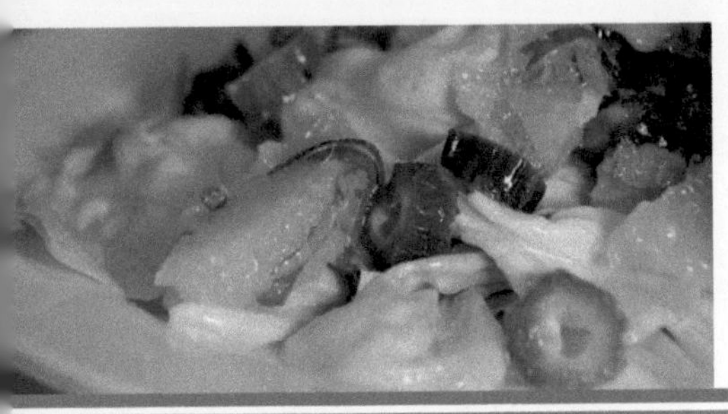

Fruchtiger Sommersalat

Vorspeise für zwei Personen

Ein folatreicher Anfang, eine optimale Ernährung für Schwangere!

200 g	Kopfsalat	Salatblätter kurz aber gründlich waschen, nicht wässern und danach klein zupfen.
150 g	Orange	Orangen schälen und Filetstücke mit einem Messer herausschneiden.
50 g	Datteln	Die Datteln in Scheiben schneiden.
	Zitronenenmelisse	Zitronenmelisse klein hacken.

Zitronenvinaigrette:

1/2 TL	Senf	Senf, Zitronensaft, Salz und Pfeffer (bei Bedarf noch andere Gewürze) mit dem Schneebesen in einer Schüssel kräftig verquirlen, bis die Salzkristalle gelöst sind.
1 EL	Zitronensaft	
1 Prise	Salz	
	Pfeffer	
	Gewürze	
2 EL	Olivenöl	Das Öl einlaufen lassen und alles zu einer leicht cremigen Sauce rühren. Abschmecken – das Vinaigrette über die Zutaten schütten und miteinander vermischen, voilà!
30 g	Roggenmischbrot	Bei Bedarf noch eine Scheibe Brot dazureichen.

Kirschtomaten in Vollkornpannkuchen

Hauptgang für zwei Personen

Eine folatreiche Mahlzeit, eine optimale Ernährung für Schwangere!

Pannkuchenteig:

100 g	Vollkornmehl	Das Mehl in eine Schüssel geben, mit dem Schneebesen nach und nach den Sprudel, Eier und Salz dazumischen und durchquirlen. Der Teig soll keine Klümpchen haben sondern zähflüssig sein. 20 min. quellen lassen.
1/8 l	Sprudel	
2 (S)	Eier	
1 Prise	Salz	

Kirschtomaten, Basilikum, Balsamico Füllung:

300 g	Kirschtomaten	Tomaten halbieren und die Zwiebeln in Ringe schneiden.
3 Stück	Frühlingszwiebeln	
1/2 EL	Sonnenblumenöl	Das Öl in die heiße Pfanne geben (Herd auf mittlerer Stufe). Die Zwiebeln und Kirschtomaten dazugeben. Kurz schwenken.
1 EL	Balsamico Essig	Mit Essig und Orangensaft ablöschen, sehr kurz schwenken, danach würzen (die Tomaten sollen nicht zerkochen, sondern frisch schmecken und ihre Form behalten).
50 ml	Orangensaft Salz Pfeffer Gewürze	
	Basilikum	Den Basilikum fein hacken und zum Schluss dazugeben, abschmecken
1/2 EL	Sonnenblumenöl	Die Pfanne heiß werden lassen, mit einem Wassertropfen testen, ob sie heiß ist, das Öl hinein geben und verteilen. Die Hitze auf eine mittlere Stufe schalten. Eine kleine Portion Teig dazugeben, die Pfanne in alle Richtungen drehen, damit sich der Teig gleichmäßig dünn verteilt. Wenn die Unterseite knusprig gebraten ist, die Pfanne kurz rütteln, damit sich der Pfannkuchen löst. Dann mit dem Pfannenwender wenden und fertig backen. Die fertigen Pfannkuchen füllen. Mit Basilikumblättern und Schnittlauch dekorieren. Servieren!

Nachtisch für zwei Personen

Ein folatreicher Abschluss, eine optimale Ernährung für Schwangere!

200 g	Erdbeeren	Früchte klein schneiden und in eine Schale geben.
200 g	Kiwis	
	Minzblatt	Mit einem Minzblatt dekorieren.

Orangensaft

Getränk zum Essen

Folatreiche Flüssigkeit, eine optimale Ernährung für Schwangere!

150 ml   *Orangensaft*   *Den Saft vorher leicht kühlen.*

4.1.) Nahrungsplanung des Mittagessens

Menge	Lebensmittel	Energie kJ	Protein g	Fett g	Kohlenhydrate g	Folsäure µg

| | Tagesbedarf | 9777 | 58 | 79 | 345 | 600 |
| | Mittagessen | 2933 | 17 | 24 | 104 | 180 |

Kohlenhydrathaltige Lebensmittel einplanen:

Menge	Lebensmittel	Energie kJ	Protein g	Fett g	Kohlenhydrate g	Folsäure µg
50g	Vollkornmehl	727	5	1	36	25
30g	Roggen-mischbrot	266	3	-	13	10
200ml	Orangensaft	370	1	-	18	48
25g	Datteln	290	1	-	16	5
100g	Kiwi	209	2	1	9	23
75g	Orange	133	1	-	6	32
100g	Erdbeere	134	1	-	6	65
150g	Kirschtomaten	110	1	-	4	67
100g	Kopfsalat	49	1	-	1	75

Proteinhaltige Lebensmittel einplanen

Menge	Lebensmittel	Energie kJ	Protein g	Fett g	Kohlenhydrate g	Folsäure µg
50g (1)	Ei	70	2	1	-	17

Fetthaltige Lebensmittel einplanen

Menge	Lebensmittel	Energie kJ	Protein g	Fett g	Kohlenhydrate g	Folsäure µg
10g	Olivenöl	376	-	10	-	-
10g	Sonnenblumenöl	376	-	10	-	-

		Energie kJ	Protein g	Fett g	Kohlenhydrate g	Folsäure µg
	Summe	3110	18	23	109	367
	Defizit	-177	-1	+1	-5	-187

4.1.3.) Begründung der Auswahl der Speisen

Bei der Auswahl der Speisen bin ich von den Energie - und Nährstoffempfehlungen eines Mittagessens ausgegangen. Ich habe eine Mahlzeit mit Vorspeise, Hauptgang, Nachtisch und einem Getränk gewählt. Wichtigster Grund für die Zusammenstellung der Lebensmittel ist ihr Folsäuregehalt. Mit dieser Menüzusammenstellung kann man die Empfehlungen von 600 µg am Tag erreichen. Wir haben also beim Mittagessen schon 187 µg Folsäure zu viel. Wenn man nun 35% durch den Nahrungszubereitungsverlust von 367 µg abzieht, kommt man immer noch auf 59 µg Folsäure zu viel beim Mittagessen. Als Vorspeise gibt es einen frischen, sommerlichen Salat mit Zitronenmelisse, Datteln und Orangenfilets an Zitronenvinaigrette. Zitrusfrüchte sind wie Kopfsalate frisch und folatreich. Für den Hauptgang habe ich saisonale Kirschtomaten aus der Region gewählt. In der Pfanne werde ich sie nur kurz mit Sonnenblumenöl anbraten. Ich wählte ein Sonnenblumenöl statt Olivenöl um Nährstoffverlusten bei Erhitzen entgegen zu wirken. Bei dieser Kombination bietet sich die Würzung mit Basilikum und Balsamiko an. Um ein wenig Süße in die Soße zu bekommen, habe ich die Tomaten mit Orangensaft angereichert. Kopfsaltate, Datteln, Tomaten und Orangen sind besondere Folatlieferanten. Als Beilage gibt es Weizenvollkornpfannkuchen, die zu einer ausgewogenen Nahrung beitragen. Vollkorn ist besonders folat - und ballaststoffreich. Um das Menü fruchtig abzuschließen, gibt es ein folatreiches Erdbeer/ Kiwi Dessert. Der Flüssigkeitshaushalt wird durch Orangensaftschorle und Mineralwasser gedeckt. Genügend Flüssigkeit ist besonders in der Schwangerschaft wichtig. Damit kann auch den oft üblichen Schwangerschaftsbeschwerden von Verstopfungen entgegen gewirkt werden. Mit dem Frühstück und dem Abendessen müssen die vom Tagesbedarf noch übrigen 261 µg Folsäure zugeführt werden. Durch die richtige sorgsame Auswahl der Lebensmittel und mit einem vitamingerechten Garverfahren können die Nährstoffempfehlungen umgesetzt werden.

5.) Konzept einer Interventionseinheit zum Ernährungsproblem Folsäureversorgung

Für das Konzept einer Intervention der Ernährungsbildung bei Schwangeren zur Prävention von Fehlbildungen, vor allem von Neuralrohrdefekten, ist es zuerst einmal wichtig, die genaue Zielgruppe zu definieren. Da die Folgen von Folsäuremangel in der Frühschwangerschaft gravierend sein können, habe ich mich entschlossen, eine Interventionsmaßnahme für junge Frauen zu definieren. Von Folsäuremangel und den daraus resultierenden Folgen können Mädchen und Frauen die nicht konsequent verhüten, aber auch Frauen, die gezielt ein Baby bekommen wollen, betroffen sein. Da diese Personengruppe recht groß ist, muss über deren Erreichbarkeit nachgedacht werden. Bei einer Prävention in Form von angebotenen Kursen, zum Beispiel in Volkshochschulen, über Krankenkassen, oder ähnliche Einrichtungen, besteht das Problem, dass nur Frauen und Mädchen erreicht werden, die sich bereits bewusster mit dem Thema Ernährung befassen. Daher sind sie auch möglicherweise auch nicht so stark von Folsäuremangel betroffen. In Hauptschulen, Realschulen und Gymnasien, ferner in Berufschulen, sowie Universitäten, wäre ein Setting von Nöten. Aus dieser Überlegung heraus habe ich mich für Mädchenberufsschulen im Bereich Haushaltslehre entschieden. Um weitere Personengruppen zu erreichen, bedarf es noch anderen Überlegungen. Eine entsprechende Interventionsmaßname, könnte man in die normale dreijährige Ausbildung integrieren. Themen wie zum Beispiel Hauptnährstoffe, Energiebedarf, einzelne Vitamine und Mineralstoffe sollten praxisbezogen und im Hinblick auf Nachhaltigkeit vermittelt werden. Für meine Interventionsmaßnahme plane ich drei Seminareinheiten im Themenblock Vitamine, drei mal im Rahmen von je 1½ Stunden. Die Teilnehmer sollten möglichst die Anzahl 12 nicht überschreiten.

Der erste Seminarteil beginnt mit einer kleinen Kennenlernspielrunde. Die Teilnehmer müssen raten: „Was bin ich?" Auf der Stirn wird eine Karte mit dem Namen eines folatreichen Lebensmittels befestigt. Durch die Befragung der anderen Teilnehmerinnen, die lesen können, was auf der Karte steht, findet jede heraus, was die Teilnehmerin darstellt. Fragen könnten z.B. „schmecke ich süß" oder „bin ich rot" sein (vgl. Schnögle S. et al. 2006, S.55). Nachdem alle Teilnehmer ihr Lebensmittel erraten haben, geht das Seminar mit einem wissensvermittelnden Seminarteil durch den Einsatz einer PowerPoint-Präsentation weiter. Dieser erste Teil sollte etwa 1½ Stunden dauern. Im zweiten Seminarteil wir ein gemeinsames Kochbuch gestalltet. Hier können die Teilnehmer Rezepte mit folatreichen Lebensmitteln planen die in der nächsten Seminareinheit erprobt werden sollen. Hilfsmaterialien, sowie Hilfestellung gibt die Seminarleiter/in. Lernziel hierbei ist die Auseinandersetzung mit den eigenen Ernährungsbedürfnissen und die Umsetzung in den Alltag. Im Weiteren lernen wir die Essgewohnheiten anderer Menschen und Kulturen kennen. Die Teamfähigkeit, sowie die Planungs - und Organisationskompetenz werden gefördert. Zum Abschluss stellen wir die Rezepte zu einem Kochbuch zusammen. Sie werden besprochen und präsentiert. Kopien machen das Kochbuch für jeden zugänglich (vgl. Schnögle S. et al. 2006, S.56). Im dritten und letzten Seminarteil zum Thema Folsäure sollen Rezepte aus dem Kochbuch zubereitet werden. Lernziele sind, die Zubereitungstechniken auszuprobieren und die Wahrnehmung über unsere Sinne zu schärfen. Dabei erleben die Teilnehmer, dass Kochen und Essen Werte sind, die besonders durch die Möglichkeiten des kreativen Gestaltens wesentlich dazugewinnen. Nach dem gemeinsamen Essen soll nicht nur die praktische Seminareinheit der Nahrungszubereitung reflektiert werden, sondern auch die zwei vorherigen Einheiten zum Thema Folsäure. Dazu kann man zwei Plakate machen. Ein Plakat zeigt einen Erntewagen, das andere einen Müllwagen. Ziel ist das Feedback der Gruppe sichtbar zu machen. Dabei sollen nicht nur sachliche Inhalte, sondern auch persönliche Erlebnisse ausgesprochen werden. „Reiche Ernte", als ermutigender Abschluss: Der Kurs möchte Früchte tragen, die man als Ernte mit nach Hause nehmen will. In den Müllwagen kommt, was künftig unbrauchbar ist. Zuletzt betrachtet die Gruppe beide Plakate, die Seminarleitung fasst noch einmal zusammen (vgl. Schnögle S. et al. 2006, S. 74).

6.) Schlussteil

Das Vitamin Folsäure kann enorm bedeutend sein. Wir haben gesehen, dass ein Großteil der Gesamtbevölkerung mit Folsäure unterversorgt ist. Vor allem in der Schwangerschaft sollten werdende Mütter mit diesem Vitamin gut versorgt sein. Ihr Ernährungsverhalten könnte durch salutogenetisch orientierte Interventionseinheiten nachhaltig beeinflusst werden. Gesunde Ernährung ist schließlich nicht nur zur Prävention von Fehlbildungen wichtig, sondern sie legt gleichzeitig das Fundament für die Gesundheit des Embryos. Eine werdende Mutter beeinflusst in dieser Zeit die Entwicklung ihres Kindes bis in dessen Erwachsenenalter hinein (vgl. Gaby Miketta 1999, S.19).

7.) Literaturverzeichnis

Literatur:

Bässler, Karl-Heinz; Golly, Ines; Loew, Dieter; Pietrzik, Klaus (2002): Vitamin- Lexikon für Ärzte Apotheker und Ernährungswissenschaftler. Urban und Fischer

DACH (2000): Referenzwerte für die Nährstoffzufuhr / Deutsche Gesellschaft für Ernährung (DGE), [Konzeption und Entwicklung: Arbeitsgruppe „Referenzwerte für die Nährstoffzufuhr"]. Umschau / Braus

Elmadfa, Univ. –Prof. Dr. Ibrahim; Aigin, Waltraut; Muskat, Prof. Dr. rer. Nat. Erich; Fritzsche, Dipl. oec. Troph. Doris (2006/2007): Die große GU Nährwert Kalorien Tabelle. GU

Körner, Ute; Rösch, Ruth (2008): Ernährungsberatung in Schwangerschaft und Stillzeit. Hippokrates

Leitzmann, Claus; Müller, Claudia; Michel, Petra; Brehmer, Ute; Hahn, Andreas; Laube, Heinrich (2002): Ernährung in Prävention und Therapie. Hippokrates

Schröder, Dr. Eva-Maria (2001): Gesunde Mutter – gesundes Kind, Richtige Ernährung in Schwangerschaft und Stillzeit. Hirtzel

Zeitschriften:

Brönstrup, Dr. Anja (2008): Irgendwann schwanger, Folsäure in der Prävention. Deutsche Gesellschaft für Ernährung (DGE)

Kersting, Dr. Mathilde; Alexy, Dr. Ute (2003): Schwangerschaft und Stillzeit, Empfehlungen für die Ernährung von Mutter und Kind. DGE, Forschungsinstitut für Kinderernährung Dortmund, aid

Miketta Gaby, (1999): Gesundheit im Mutterleib: Focus Nr.43

Internet:

www.aid.de

Schnögl, Sonja; Zehetgruber, Rosemarie; Danninger, Silvia; Setzwein, Monika; Wenk, Regina; Freudenberg, Madlen; Müller, Claudia; Groeneveld, Maike (2006): Schmackhafte Angebote für die Erwachsenenbildung und Beratung, Handbuch und Toolbox, Food Literacy. Bildung und Kultur Sokrates [letzter Zugriff im Juni 2008l]

www.bfr.bund.de:

Burger, M.; Kersting, Mathilde; Klemm, Christine; Mensink, Gert B. M.; Przyrembel Hildegard; Sichert- Hellert, Wolfgang; Weißenborn, Anke (2005): Folsäureversorgung der deutschen Bevölkerung: Abschlussbericht zum Forschungsvorhaben. Bundesinstitut für Risikobewertung, BfR- Wissenschaft [letzter Zugriff im Juni 2008]

Bundesinstitut für Risikobewertung (2006): Jod, Folsäure und Schwangerschaft- Ratschläge für Ärzte, Bericht des BfR und Arbeitskreis Jodmangel [letzter Zugriff im Juni 2008]

Bundesinstitut für Risikobewertung (2007): Folsäurestatus in Europa und Möglichkeiten der Intervention. Bericht des BfR [letzter Zugriff im Juni 2008]

www.dge.de:

Bechthold, Angela; Biesalski, Hans- Konrad; Boeing Heiner; Brönstrup, Anja; Elmadfa, Ibrahim; Heseker, Helmut; Krawinkel, Michael; Kroke, Anja; Leschik- Bonnet, Eva; Oberritter, Helmut; Stehle, Peter (2006): Strategien zur Verbesserung der Folatversorgung in Deutschland- Nutzen und Risiken. Positionspapier der Deutschen Gesellschaft für Ernährung e.V. [letzter Zugriff im Juni 2008]